**Divya M N**

# Controlador de aceleração baseado em rede neural para compressor

Divya M N

# Controlador de aceleração baseado em rede neural para compressor

## Controlador de aceleração baseado em rede neural para compressor

ScienciaScripts

Cover image: www.ingimage.com

This book is a translation from the original published under ISBN 978-620-7-46584-2.

Publisher:
Sciencia Scripts
is a trademark of
Dodo Books Indian Ocean Ltd. and OmniScriptum S.R.L publishing group

120 High Road, East Finchley, London, N2 9ED, United Kingdom
Str. Armeneasca 28/1, office 1, Chisinau MD-2012, Republic of Moldova, Europe
Printed at: see last page
**ISBN: 978-620-8-07068-7**

Conteúdo

## RESUMO

O compressor centrífugo é utilizado em várias indústrias, incluindo as instalações petrolíferas, aeroespaciais e de gás, para aumentar a pressão e a produção de óleo. Se os compressores falharem, toda a produção do sistema será interrompida. É fundamental evitar perdas no sistema de compressores para que a produção decorra sem problemas. Quando o caudal mássico do compressor é baixo, o pico é uma das instabilidades que pode destruir uma máquina numa questão de segundos. Os problemas de paragens/surtos, oscilações e aumentos de pressão mais baixos terão impacto no desempenho do compressor centrífugo. O ponto de funcionamento está sempre longe da linha de pico (SL) sob condições de pressão intensa e grande fluxo de massa.

O principal objetivo da investigação é modelar o compressor centrífugo com mecanismo de controlo anti-surto (ASC) utilizando redes neuronais para evitar problemas de surto e melhorar as métricas de desempenho. O trabalho de investigação está estruturado em três módulos de conceção. Em primeiro lugar, o mecanismo de controlo híbrido que utiliza a abordagem de programação do ganho é modelado para linearizar a função de transferência não linear. E para realizar a resposta de saída do controlador. De seguida, é modelado um sistema de compressor centrífugo de velocidade variável para compreender a importância da estabilidade nas instalações de processamento. O mapa de desempenho do compressor é discutido para perceber as causas da instabilidade. Por último, o controlador preditivo de rede neural (NNPC) baseado no mecanismo ASC é modelado para o sistema de reciclagem do compressor (CRS) para melhorar a eficiência do desempenho e evitar o pico do compressor. Além disso, diferentes controladores, como o controlador PID, seguido do controlador lógico Fuzzy (FLC) e do controlador Neuro-fuzzy (NFC), são incorporados no mecanismo ASC para o SIR, a fim de efetuar a comparação do desempenho.

A modelação do SIR com mecanismo ASC é efectuada utilizando o ambiente MATLAB Simulink. Os resultados da simulação, tais como diferentes caudais, pressões de aspiração e plenum, velocidade e mapas do compressor, são apresentados em pormenor para todas as concepções de controladores. As respostas de erro das métricas de desempenho são analisadas em pormenor para o CRS com mecanismo ASC utilizando diferentes controladores. Com base na resposta de saída do NNPC no mecanismo ASC do sistema CRS, a posição OP é adjacente à linha de controlo de sobretensão (SCL). O NNPC proporciona uma melhor posição de OP e evita a sobretensão no SIR em comparação com as outras abordagens de controlo. O SIR baseado no NNPC com módulo ASC dá uma melhor resposta dinâmica, eficiência de desempenho, resposta a erros e caraterísticas do mapa do compressor do que as três abordagens de controlo.

# CAPÍTULO 1

# 1. INTRODUÇÃO

O compressor centrífugo é utilizado para aumentar a pressão e a produção de óleo em vários sectores, incluindo petróleo, aeroespacial e fábricas de gás. Os compressores de gás de fluxo axial, centrífugo, rotativo e alternativo são os quatro tipos de compressores de gás. Os compressores dos tipos rotativo e alternativo diminuem a ocupação do volume de gás e depois descarregam o gás a uma pressão mais significativa. Os compressores axiais e centrífugos são turbo-compressores de fluxo contínuo [1-2]. Greitzer et al. [3] propõem noções teóricas e matemáticas para compressores axiais com estol e surto de fiação. As variáveis do parâmetro não dimensional (B) do compressor determinam se este se encontra em modo de sobretensão ou de perda de rotação. Quando o fator "B" é baixo, ocorre um bloqueio rotacional, causando instabilidades através da redução do caudal mássico e do aumento da pressão. Do mesmo modo, desenvolver-se-á um pico com oscilações do caudal mássico e da pressão se o componente "B" for maior. O parâmetro "B" incorpora a dinâmica da bobina para aumentar o controlo da velocidade [4].

Badmus et al. [5] fornecem um sistema de controlo de sobretensão de gama completa e de evitação de rotação no sistema do compressor. O modelo utiliza técnicas de controlo de alimentação em circuito aberto e de realimentação em circuito fechado na área da válvula de estrangulamento para gerir a pressão e o caudal mássico. Estes métodos de controlo são programados e utilizados para minimizar as paragens e os picos de rotação. Para evitar um pico no compressor, a posição de operação entre o pico e o estado estável deve ser calculada. O sistema de coordenadas invariantes é concebido para atenuar o pico através da modificação do peso molecular [6].

O sistema de acionamento do binário de acionamento apresentado por Gravdahl et al. regula a sobretensão ativa no compressor centrífugo. A linha do acelerador aparece à esquerda da linha de sobretensão devido à estabilização da sobretensão ativa utilizando a lei de controlo [7]. Bohagen et al., por outro lado, descrevem um sistema de compressor para controlo ativo de sobretensão que utiliza o binário de acionamento como entrada de controlo. Para o modelo de Moore-Greitzer com velocidade constante no sistema de compressores, é introduzido o método de controlo de sobretensão baseado na lógica Fuzzy [9], que estabiliza as diversas circunstâncias de funcionamento e estende a linha estável perto da linha de sobretensão. O controlo ativo de picos de tensão com mecanismo de velocidade variável [10] em compressores centrífugos é desenvolvido para avaliar muitos parâmetros de desempenho melhor do que Gravdahl et al. [1].

Neste trabalho de investigação, é concebido um mecanismo eficiente de controlo anti-surto para sistemas de compressores centrífugos utilizando redes neuronais. O trabalho é categorizado em três objectivos para cumprir os requisitos acima referidos. O primeiro objetivo é estudar e analisar o mecanismo de controlo híbrido utilizando a abordagem de programação de ganhos para sistemas de compressores. A função de transferência não-linear é considerada uma planta de compressor e linearizada utilizando a abordagem de programação de ganhos. O controlador de lógica difusa (FLC) baseado em PI/PD é utilizado como controlador híbrido para realizar a resposta dinâmica da instalação. Uma vez descobertos em pormenor os princípios de funcionamento do FLC baseado em PI/PD para a instalação ou o processo, o modelo do compressor centrífugo é concebido como segundo objetivo. A modelação matemática do sistema de compressor centrífugo é efectuada com o modelo Simulink.

Por último, o sistema de compressor centrífugo é utilizado com o mecanismo de controlo anti-surto (ASC) utilizando diferentes abordagens de controlo. O controlador PID, o controlador de lógica difusa, o controlador neuro-fuzzy (NFC) e o controlador de rede neural preditiva (NNPC) são utilizados no mecanismo ASC para a realização do desempenho. A abordagem NNPC proporciona melhores resultados de desempenho do que as outras abordagens de controlo. Muitos problemas do mundo real foram resolvidos com recurso a redes neuronais. Estas redes podem aprender com experiências passadas para melhorar o seu desempenho e adaptar-se a condições de funcionamento variáveis. Podem lidar com dados ambíguos ou ruidosos e são particularmente úteis quando é impossível identificar as regras ou etapas que conduzem a uma solução.

# CAPÍTULO 2

## 2. DECLARAÇÃO DO PROBLEMA

Os compressores são amplamente utilizados em todas as indústrias e a sua avaria pode interromper a produção de todo o sistema. É crucial e necessário evitar perdas. A sobretensão é uma das instabilidades que pode arruinar uma máquina numa questão de segundos e ocorre quando o caudal mássico é baixo. Como resultado, o Modelo de Compressão de Greitzer é um modelo matemático essencial para descrever picos e paragens de fiação. Mais tarde, o modelo foi modificado por Gravdahl et al. para evitar o pico com uma abordagem melhor. É também utilizado para prever as flutuações de pressão e o início das sobretensões. As oscilações, as paragens e os picos influenciam constantemente o desempenho do compressor centrífugo e reduzem as subidas de pressão. Em circunstâncias de baixa pressão e elevado caudal mássico, o ponto de funcionamento está sempre longe da linha de sobrepressão (SL), a opção ideal. No entanto, a eficiência do compressor é normalmente insuficiente nesta área. Como resultado, a pressão subirá até ao seu ponto mais alto, perto da SL, para obter a máxima eficiência. A prevenção de sobretensões é frequentemente referida como controlo anti-surtos. As válvulas de reciclagem são amplamente utilizadas para evitar surtos em aplicações industriais.

Para manter a dirigibilidade, os níveis de emissões e a segurança do motor, a unidade de controlo do motor desempenha um papel fundamental na manutenção da posição desejada do acelerador para modos de funcionamento específicos do motor. Muitas abordagens de controlo convencionais não conseguem regular a placa do acelerador com precisão e rapidez. Muitas abordagens de controlo individuais não conseguiram manter bons cálculos de desempenho. As flutuações de amplitude no caudal mássico e no aumento da pressão (sobretensão) ocorrem durante o funcionamento dos compressores; existem muitas técnicas de prevenção de sobretensão disponíveis para explorar as soluções de compromisso e evitar problemas de instabilidade. Ainda assim, há necessidade de um estudo detalhado para analisar o comportamento do modelo e o controlo de picos de pressão para compressores de diferentes velocidades de forma inteligente. Nesta abordagem proposta, foi concebido um controlador inteligente para ultrapassar os problemas acima referidos.

# CAPÍTULO 3

# 3. PESQUISA BIBLIOGRÁFICA

Esta secção centra-se principalmente nos trabalhos existentes sobre compressores centrífugos para diferentes pontos de vista de aplicações. Além disso, os trabalhos actuais sobre controladores PID e abordagens de controlo baseadas em Fuzzy para compressores centrífugos com mecanismo de controlo anti-surto (ASC) são resumidos em pormenor. São discutidas as técnicas recentes de mecanismos de ASC baseados em redes neuronais para compressores. O outro mecanismo de controlo incorporado nos compressores para melhorar o desempenho e a eficiência também é discutido. As lacunas de investigação dos trabalhos actuais são destacadas em pormenor.

## 3.1 Obras existentes

Fanxinet al. (2018) [11] descrevem o sistema eletromecânico de bordo com mais caraterísticas de aeronaves eléctricas. O sistema de ar de suprimento de cabine elétrica baseado em tecnologia é introduzido para realizar o surto do compressor. Dinget al. (2019) [12] apresentam o sistema PM de comutação de fluxo axial com um sistema de compressor centrífugo. Os impulsores radiais são incorporados nos compressores para analisar as caraterísticas. Os resultados da simulação descrevem os parâmetros de desempenho como velocidade de torque, força eletromagnética (EMF) e casos de distribuição de densidade de fluido. Xu et al. (2020) [13] apresentam a realização do desempenho do compressor utilizando um impulsor centrífugo. A influência da pá do impulsor no sistema do compressor é discutida em pormenor com modelos mecânicos.

Amin et al. (2021) [14] apresentam os compressores centrífugos com um mecanismo ASC avançado para evitar sobretensões. O mecanismo ASC utiliza o controlador PID dividido em vez do controlador PID tradicional para melhorar a resposta dinâmica. Molana et al. (2021) [15] descreve os compressores centrífugos com mecanismo ASC em vários controladores modelo. Os numerosos modelos de controladores alargam as regiões de funcionamento ao longo do SL com caraterísticas de controlo no ponto de funcionamento. O controlador normal e de sobretensão é utilizado para realizar a posição ativa no compressor. O modelo do compressor incorpora o observador de estado para evitar o SL e mover o ponto de operação para a região estável. Khosravi et al. (2021) [16] revisam os compressores centrífugos com mecanismo ASC. O mecanismo ASC é analisado usando diferentes controladores PID, FLC, ANN, NFC, abordagem de modo deslizante, retrocesso, controlador preditivo de modelo linear e não linear (MPC). Os vários parâmetros de desempenho são realizados com resultados de simulação e comparação.

Sohail et al. (2021) [17] apresentam os efeitos do compressor transónico utilizando CFD e métodos ANN e de regressão. Utilizando as técnicas acima referidas, o trabalho efectua a previsão do fluxo distorcido não uniforme e do seu impacto. A comparação de parâmetros de desempenho como MSE, RMSE do caudal mássico, eficiência, rácio de pressão e rácio de temperatura relativos às diferentes abordagens é analisada em pormenor. Nikiforovet al. (2021) [18] apresentam o modelo matemático dos difusores de palhetas do compressor centrífugo (CCVD) utilizando abordagens teóricas e de partículas. Os dados de amostra para o treinamento da NN são gerados usando simuladores CFD. O trabalho percebe a melhor qualidade de aproximação em relação aos coeficientes de perda por difusão e sugere o uso do método de modelagem universal para melhores resultados de desempenho. Heet al. (2021) [19] descrevem a modelação do compressor centrífugo com mecanismo ASC utilizando RBFNN. O mecanismo ASC foi concebido com caraterísticas de auto-adaptação. O algoritmo híbrido, como os mínimos quadrados recursivos e o algoritmo de descida de gradiente com k-means, é utilizado na modelação do RBFNN. O algoritmo de descida de gradiente é incorporado no RBFNN para melhorar a estabilidade da aprendizagem e aumentar a capacidade de adaptação.

Faltin et al. (2020) [20] descreve o Regulador Linear Quadrático (LQR) para BLDC como uma abordagem ASC em compressores Centrífugos. A abordagem BLDC foi testada em diferentes cenários de perturbação e estabilizou o compressor a partir das suas caraterísticas originais. Kristoffersen et al. (2020) [21] apresentam o modelo de compressor centrífugo de gás húmido e o seu mecanismo de controlo. A dinâmica do impulsor e a dinâmica do difusor são explicadas em pormenor. O pressuposto do modelo do compressor centrífugo é discutido e adotado na dinâmica do caudal, da pressão, do caudal de saída do acelerador e da acumulação. A caraterística do compressor com o processo em estado estacionário, a transferência de energia ideal e a transição contínua entre gases húmidos e secos são realizadas em pormenor. A simulação da resposta transitória para o caudal mássico, pressão e estados deslocados é representada.

## 3.2 Lacunas de investigação

O compressor centrífugo com um mecanismo de controlo anti-surto utilizando diferentes abordagens de controlo é discutido nas secções anteriores. As abordagens de prevenção de sobretensões para melhorar o mapa de desempenho e a eficiência dos sistemas de compressores. Algumas das lacunas identificadas nas abordagens existentes são enumeradas a seguir.

- A maioria dos compressores é modelada utilizando a abordagem de Greitzer e posteriormente utilizada para o mecanismo de controlo de picos de tensão. Mas estas abordagens deparam-se com problemas de fiabilidade e estabilização.
- As abordagens baseadas em PID e fuzzy no mecanismo ASC proporcionam uma melhor

estabilização no sistema do compressor, mas não melhoram o desempenho.

- A maioria das abordagens ASC BASEADAS em NN utiliza um número limitado de amostras para treino, o que provoca a previsão do desempenho e afecta a precisão.
- O MPC com abordagens ASC proporciona uma melhor estabilização dos pontos de funcionamento nos mapas de compressores. O custo do sistema será maior devido à incorporação do modelo adicional.

# CAPÍTULO 4

## 4. OBJECTIVO DA INVESTIGAÇÃO PROPOSTA

Os principais objectivos da investigação são o funcionamento do compressor para satisfazer os requisitos de carga e proteger o sistema do compressor contra danos (sobretensão). Seguem-se os objectivos da investigação que são definidos para preencher as lacunas da investigação:

**1.** Investigar a eficácia das abordagens existentes para compressores centrífugos com abordagem de controlo anti-surto utilizando diferentes técnicas de controlo para explorar a lacuna de investigação.

**2.** Estudar e analisar o mecanismo de controlo híbrido utilizando a abordagem de programação de ganhos para sistemas de compressores.

**3.** Projeto de um sistema eficiente de compressor centrífugo de velocidade variável e análise do seu desempenho.

**4.** Conceção e análise do desempenho do mecanismo de controlo anti-surto (ASC) para compressores centrífugos utilizando redes neuronais.

Os três objectivos de conceção são modelados utilizando o ambiente MATLAB Simulink. Os resultados da simulação de cada projeto são explicados em pormenor. As métricas de desempenho dos módulos são analisadas em pormenor.

# CAPÍTULO 5

# 5. METODOLOGIA SEGUIDA

O trabalho proposto é realizado em duas fases: 1) Mecanismo de controlo híbrido utilizando a abordagem de programação de ganhos, a que se segue 2) Sistema eficiente de compressores centrífugos de velocidade variável e 3) Mecanismo de controlo anti-surto (ASC) para compressores centrífugos utilizando redes neuronais.

## 5.1 Mecanismo de controlo híbrido utilizando a abordagem de programação de ganhos

A abordagem de programação de ganhos é utilizada para linearizar a função de transferência não linear utilizando o método do controlador híbrido. O controlador híbrido inclui um controlador lógico Fuzzy baseado em PI/PD seguido de uma técnica de programação de ganhos para realizar a resposta de controlo do processo/planta.

### 5.1.1 Metodologia de investigação

A metodologia adoptada para a abordagem de programação de ganhos baseada no controlador híbrido é ilustrada na Figura 1. A entrada do degrau é considerada convencional e a abordagem de programação de ganhos é a realização da resposta. Os quatro modelos são realizados sem e com uma abordagem de programação de ganhos para a realização do desempenho. Neste, (1) o controlador PD convencional seguido da planta, (2) o controlador PID seguido da planta, (3) o controlador FLC baseado em PI como mecanismo de controlo híbrido para o modelo da planta (4) o controlador FLC baseado em PD como mecanismo de controlo híbrido para o modelo da planta é concebido.

A modelação de sistemas não lineares é complexa para os projectistas porque não é sistemática e obriga a que os parâmetros desconhecidos realizem a resposta da instalação. Esta resposta de saída do sistema não linear afecta o desempenho global do sistema. Assim, a abordagem de programação de ganhos é utilizada para resolver problemas de sistemas não lineares, introduzindo o controlador lógico difuso como uma abordagem de mecanismo de controlo híbrido. Os resultados e a discussão incluem a realização do desempenho de quatro módulos utilizando tanto a abordagem sem ganho como a abordagem com programação de ganho. As métricas de desempenho, como os parâmetros de resposta transitória (subida, estabilização, ultrapassagem e tempo de pico), são realizadas em pormenor. O cálculo do erro de ambas as abordagens utilizando quatro modelos é discutido com base na resposta de saída da fábrica.

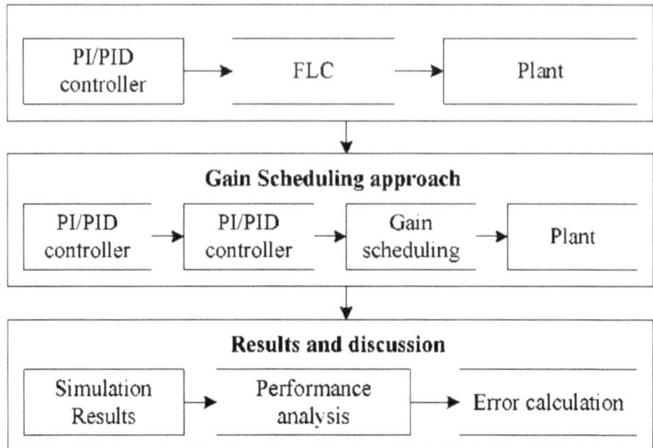


Figura 1: Metodologia adoptada para a abordagem de programação de ganhos baseada no controlador híbrido

### 5.1.2 Mecanismo de controlo híbrido utilizando a abordagem de programação de ganhos

A abordagem de escalonamento de ganho (GS) é utilizada para realizar a resposta de saída da planta alterando os valores constantes do controlador. A abordagem GS é utilizada para analisar a resposta da fábrica através da alteração dos valores de ganho. O principal objetivo da abordagem GS é tornar linear o sistema não linear com um mecanismo de feedback. A abordagem GS fornece um sinal de feedback não linear ao controlador para linearizar e monitorizar a resposta da instalação de uma forma predefinida. As não-linearidades conhecidas e os valores dos parâmetros definidos serão compensados utilizando a abordagem GS. A abordagem GS fornece muitas caraterísticas, como o mecanismo linear para o sistema não linear (função de transferência), transformações não lineares e medições de variáveis auxiliares.

O controlador híbrido (FLC baseado em PI/PD) que utiliza a abordagem de programação de ganhos para a central é ilustrado na Figura 2. A entrada em degrau fornece a entrada de referência para toda a operação. Contém principalmente um controlador híbrido seguido do mecanismo GS e do processo (instalação).

A abordagem GS recebe o valor de entrada do controlador PI/PD seguido do FLC para compensar a caraterística não linear. A saída da abordagem GS é aplicada à válvula não linear seguida pela planta. A linearização ocorre apenas quando a resposta da planta é realimentada para o controlador. O valor constante utilizado na válvula não-linear é mais significativo do que zero e é definido na forma de valor quadrado ($n^2$ ). A não linearidade da válvula seguida pela planta é compensada pela abordagem GS usando valores de segmento de duas linhas (m, n). Os valores dos segmentos de duas linhas (m, n) da abordagem GS são representados nas Equações (1) e (2) como se segue:

$$n = 0.433m; \qquad 0 < m < 3 \tag{1}$$

$$n = 0.0538m + 1.158; \quad 3 < m < 10 \tag{2}$$

Os segmentos de duas linhas (m e n) situam-se entre 0 e 10. Assim, na abordagem GS, aumentar os valores dos segmentos de duas linhas para reduzir a não-linearidade da planta.

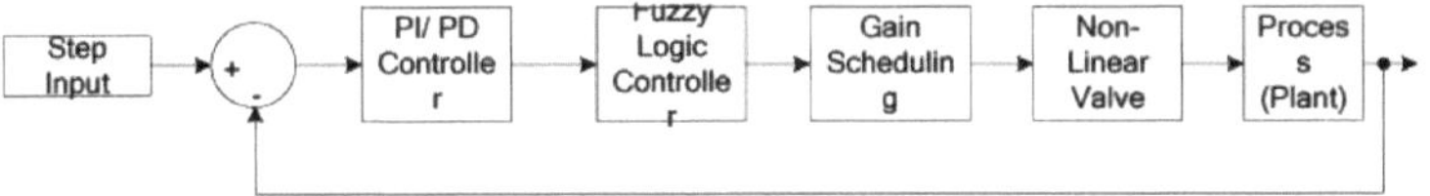


Figure 2: Controlador híbrido utilizando a abordagem de programação de ganhos

### 5.2 Sistema eficiente de compressor centrífugo de velocidade variável

O compressor é um dispositivo ou máquina que pode aumentar a pressão do gás. O armazenamento e o transporte são as principais razões para aumentar a pressão do gás. Existem muitos sistemas de compressores disponíveis para aplicações industriais, nos quais são considerados os compressores centrífugos.

#### 5.2.1 Metodologia de investigação

Os compressores centrífugos são utilizados principalmente em indústrias de grande volume para transportar muitos gases industriais da melhor forma possível. A metodologia adoptada para o sistema de compressores é ilustrada na Figura 3. Em primeiro lugar, é abordada a visão geral do compressor centrífugo, que inclui os princípios básicos de funcionamento, a utilização de componentes, as gamas de funcionamento, as suas limitações, os problemas de paragem e sobretensão e as caraterísticas do compressor. Em segundo lugar, é apresentado um modelo simples de compressor centrífugo utilizando o Simulink com equações matemáticas. Por último, os resultados da simulação do modelo de compressor centrífugo são apresentados em pormenor.

Visão geral do sistema de compressor centrífugo

↓

Construção de componentes individuais do sistema de compressores

↓

Modelação em Simulink do sistema do compressor

Resultados e discussão

Figure 3: Metodologia adoptada para o sistema de compressores

### 5.2.2 Modelo de compressor centrífugo

Os compressores axiais e centrífugos são principalmente causados por instabilidades e problemas de controlo de picos. O sistema de compressor centrífugo de velocidade variável é considerado neste trabalho. O modelo simples do compressor centrífugo é ilustrado na Figura 4. O modelo do compressor contém principalmente quatro unidades: Unidade de acionamento de torque, unidade de compressor com duto, unidade de plenum e unidade de válvula de estrangulamento. Os parâmetros e as suas unidades estão tabelados na Tabela 1.

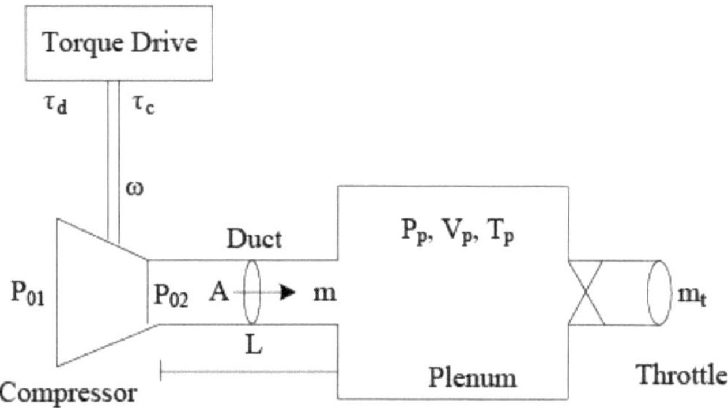


Figure 4: Modelo simples de compressor centrífugo [1]

O modelo do compressor reduz-se ao modelo dimensional de Greitzer [3], assumindo que a velocidade é constante, que foi desenvolvido originalmente para o modelo do compressor axial. Este modelo de Greitzer é também aplicável ao modelo do compressor centrífugo e é comprovado por Hansen et al. [22].

Tabela 1: Modelo do compressor Notações

| **Parâmetros e notações** | **Valor (unidades)** |
|---|---|
| $m$ - caudal mássico | (Kg/s) |
| $Pp$ - Pressão do Pleno | (Pascal) |
| $Vp$ - Volume do Plenum | 0,1 (m )$^3$ |
| $ap$ - Velocidade do pistão do gás | 343 (m/s) |
| $mt$ - Fluxo de massa do acelerador | (Kg/s) |
| $\omega$ - Velocidade Racional | Rad/s |
| $A$ - área da secção transversal da conduta | ($m^2$) |
| $L$ - comprimento da conduta | 2.85 (m) |
| $Poi$ - Pressão (ambiente) | 101325 (Pascal) |
| $\psi c$ - Caraterística do compressor | - |
| $J$ - momento de inércia do binário | $5*10^{-4}$ (Kg.m )$^2$ |

| $P_{oiu}$ - Pressão ambiente a montante | (Pascal) |
|---|---|
| $\tau_d$ - Binário de acionamento | N.m |
| $\tau_c$ - Binário das pás do impulsor | N.m |
| $r_i$ - raio do indutor | 0.0393 (m) |
| $r_2$ - raio de saída do impulsor | 0.0595 (m) |
| μ - coeficiente de caudal | 0.99 |
| $k$ - rácio de capacidade térmica | - |
| $T_i$ - temperatura de entrada | 20 ($^O$ C) |
| $A_t$ - Área de abertura do orifício | ($m^2$) |
| ζ - zeta (>>1) | - |
| $C_f$ - Coeficiente de fluxo de alimentação | - |
| $Ct$ - coeficiente de caudal do acelerador | |

O sistema de compressor modelado é o mesmo de gravdahl et al. [1] com a extensão de fink et al. [2]. A velocidade angular é obtida utilizando as caraterísticas do momento no acionamento por binário e é representada na Equação (3) do seguinte modo

$$\dot{\omega} = \frac{1}{J}(\tau_d - \tau_c) \qquad (3)$$

O binário da pá do impulsor no ponto de sobretensão profunda do sistema do compressor é representado na Equação (4) da seguinte forma:

$$\tau_c = |m| r_2^2 \mu \omega \qquad (4)$$

A velocidade angular é calculada utilizando o inverso multiplicativo das caraterísticas do momento (inércia), bem como a diferença entre o valor do binário de acionamento ($\tau_d$) e o binário da pá do impulsor ($\tau_c$). O compressor com conduta produz o valor do caudal mássico (m), que é depois multiplicado pelo quadrado do raio de saída do impulsor, pelo coeficiente de caudal e pela velocidade angular para gerar o valor do binário da pá do impulsor.

A quantidade de momento ou velocidade angular aplicada ao compressor para gerar o caudal mássico.

A geração de fluxo de massa do compressor é representada usando a Equação (5) como segue:

$$\dot{m} = \frac{A}{L}(\psi_c(m,\omega)P_{01} - P_p) \qquad (5)$$

O rácio de pressão é calculado utilizando a Caraterística do Compressor *($\psi c$)* para o sistema de compressor. A Caraterística do compressor ($\psi c$) é representada utilizando a Equação (6) da seguinte forma:

$$\psi_c(m,\omega) = \left(1 + \frac{\mu r_2^2 \omega^2 - \frac{1}{2} r_1^2 (\omega - \alpha m)^2 - k_f m^2}{a_p T_1}\right)^{\frac{k}{k-1}} \quad (6)$$

A quantidade de pressão ($P_p$) utilizada na unidade plenum quando a quantidade de massa é aplicada a partir do compressor com a conduta. A pressão do plenum ($P_p$) é representada utilizando a Equação (7), como se segue:

$$\dot{P}_p = \frac{a_p^2}{V_p}(m - m_t) \quad (7)$$

A pressão no plenum e no ambiente ($P_{01}$) e a entrada da borboleta produzem o valor do caudal mássico da borboleta ($m_t$). O caudal mássico da borboleta é representado pela Equação (8) do seguinte modo

$$m_t = \tanh(\varsigma(P_p - P_{01}))A_t\sqrt{(P_p - P_{01})\tanh(\varsigma(P_p - P_{01}))} \quad (8)$$

As equações (3), (5) e (7) são unidimensionais e a previsão de sobretensão é acessível num sistema de compressor centrífugo. Os parâmetros de desempenho do compressor são calculados utilizando as caraterísticas do compressor relativamente aos valores de massa e pressão. A pressão no plenum aumentará, enquanto o caudal mássico diminui até surgir um ponto de instabilidade, causando então problemas de sobretensão do compressor ou de paragem de rotação no sistema de compressor centrífugo.

### 5.3 Mecanismo de controlo anti-surto (ASC) para compressores centrífugos utilizando NNs

Os controladores baseados em redes neuronais são modelados e incorporados num mecanismo de controlo anti-surto para evitar o surto do compressor e manter uma região de funcionamento estável para melhorar o desempenho.

#### 5.3.1 Metodologia de investigação

A metodologia adoptada para a conceção proposta é ilustrada na Figura 5. O sistema de reciclagem do compressor foi concebido para resolver os problemas de sobretensão/instalação utilizando um mecanismo de controlo anti-surto/instalação (ASC).

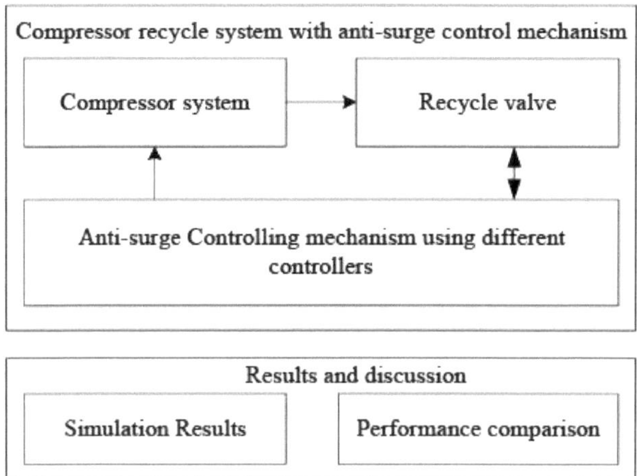


Sistema de reciclagem do compressor com mecanismo de controlo anti-surto

Resultados e discussão

Resultados da simulação Comparação de desempenho

Figure 5: Metodologia adoptada para a conceção proposta

O projeto proposto contém principalmente um sistema de compressor, uma válvula de reciclagem e uma unidade de controlo anti-surto. Os diferentes controladores, como o controlador PID, o controlador lógico difuso, o controlador neuro-fuzzy (NFC) e o controlador preditivo de rede neural (NNPC), são utilizados no mecanismo de controlo anti-surto para evitar os problemas de sobretensão. É efectuada a análise do desempenho de diferentes controladores, como o PID, o FLC, o NFC e o NNPC, utilizando o sistema de reciclagem do compressor. Os resultados da simulação incluem o caudal mássico, o caudal mássico do acelerador, o caudal mássico de reciclagem, as pressões de alimentação, de aspiração e de plenum, bem como a velocidade angular. São discutidas as gamas de funcionamento entre a linha de sobretensão (SL) e a linha de controlo de sobretensão (SCL) de cada controlador para o sistema de reciclagem do compressor.

### 5.3.2 Sistema de reciclagem de compressores com ASC utilizando NNs

Um sistema de compressor a baixa pressão e com caudais mássicos mais elevados proporciona um cenário seguro quando a localização do ponto de funcionamento está longe da linha de surto (SL). Este cenário não oferece a melhor eficiência do compressor. A eficiência eficiente do compressor é obtida quando o aumento de pressão é elevado e próximo da SL. De acordo com Badmus et al. [5], não é certo que o sistema de compressores proporcione um funcionamento estável através da utilização de técnicas de controlo. Em geral, o sistema de compressor está a ter problemas com estol rotativo, sobretensão e instabilidades aerodinâmicas.

As técnicas de controlo restringem as regiões de funcionamento instável do compressor, proporcionando um funcionamento adequado do compressor na região segura das regiões de funcionamento instável do compressor. O compressor com técnicas de controlo é utilizado para controlar ou estabilizar a região de funcionamento do compressor dentro ou em torno da mesma região. A prevenção de sobretensões ou o controlo ativo de sobretensões (ASC) é uma das técnicas mais populares para limitar os problemas de bloqueio/sobretensões, sendo esta técnica aceite na maioria das indústrias.

Neste trabalho, o mecanismo ASC é incorporado no sistema de reciclagem do compressor (CRS) utilizando diferentes controladores, especialmente o NNPC, para evitar problemas de sobretensão do compressor. A visão geral do sistema de reciclagem do compressor (CRS) com um mecanismo de controlo anti-surto é ilustrada na Figura 6. Em contraste, a modelação do sistema de reciclagem do compressor (SIR) com ASC é apresentada na Figura 7. O SIR com unidade ASC contém principalmente uma unidade de acionamento binário, um compressor com conduta, unidades de aspiração/pleno, unidade de válvula de estrangulamento, unidade de fluxo de alimentação e unidade de válvula de reciclagem.

A unidade da válvula de reciclagem desempenha um papel vital para evitar os problemas de sobretensão utilizando diferentes respostas de saída do controlador. O desempenho do sistema do compressor é analisado em pormenor utilizando a saída da unidade de fluxo de alimentação. Se a saída do fluxo de alimentação ($m_f$) for demasiado baixa ou demasiado alta, afecta o desempenho do sistema, como a velocidade e a região da posição de funcionamento no SRC. O CRS deixará de funcionar quando a pressão da válvula de aspiração ($P_1$) for demasiado elevada. A operação da tubagem a montante contém a unidade da válvula de aspiração com volume ($V_1$) e pressão ($P_1$). Em contraste, a operação da tubagem a jusante inclui a unidade da válvula plenum com volume ($V_2$) e pressão ($P_2$).

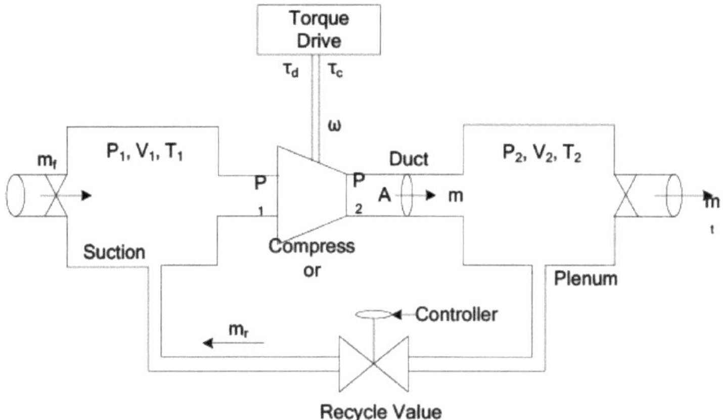


Figura 6: Sistema de reciclagem do compressor (CRS) com o mecanismo de controlo anti-surto

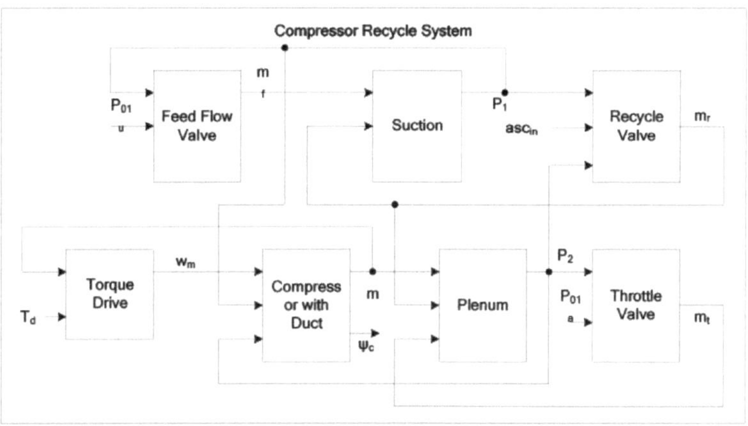


Figura 7: modelação do sistema de reciclagem do compressor (CRS)

A modelação pormenorizada de cada submódulo do SIR com o mecanismo ASC é descrita com as equações matemáticas que se seguem. A diferença entre o caudal de alimentação e o caudal mássico de reciclagem com o caudal mássico no volume da unidade da válvula de aspiração ($V_1$) gera a pressão de aspiração ($P_1$), que é representada na Equação (9) do seguinte modo

$$\dot{P}_1 = \frac{a_p^2}{V_1}(m_f - m_r - m) \tag{9}$$

Do mesmo modo, a diferença entre o caudal mássico e o caudal mássico da borboleta com massa de reciclagem no volume da unidade da válvula do plenum ($V_2$) gera a pressão do plenum ($P_2$), que é representada na Equação (10) do seguinte modo

$$\dot{P}_2 = \frac{a_p^2}{V_2}(m - m_t - m_r) \tag{10}$$

O aumento ou diminuição da pressão depende da velocidade do gás ($a_p$) com o volume do plenum (V1 ou $V_2$).

O momento de inércia é aplicado ao SIR para a geração do caudal mássico relativamente às pressões das unidades de aspiração e plenum e é representado na Equação (11) da seguinte forma

$$\dot{m} = \frac{A}{L}(\psi_c(m,\omega)P_1 - P_2) \tag{11}$$

A caraterística do compressor do SIR é representada na Equação (12) da seguinte forma:

$$\psi_c(m,\omega) = \left(1 + \frac{\mu r_2^2\omega^2 - \frac{1}{2}r_1^2(\omega - \alpha m)^2 - k_f m^2}{a_p T_1}\right)^{\frac{k}{k-1}} \tag{12}$$

A quantidade de caudal mássico e a velocidade angular com momento são aplicadas para gerar a caraterística do compressor. Onde r1 e r2 e o raio do indutor e o raio de saída do impulsor, $k_f$ é o rácio da capacidade térmica.

O caudal do acelerador ($m_t$) do SIR utilizando a pressão ambiente ($P_{01}$) e a pressão do plenum ($P_2$) é representado na Equação (13) do seguinte modo

$$m_t = \tanh(\varsigma(P_2 - P_{01}))C_t\sqrt{(P_2 - P_{01})\tanh(\varsigma(P_2 - P_{01}))}\ \Big|_{\varsigma >> 0} \tag{13}$$

O caudal mássico que passa através da válvula de reciclo e de estrangulamento baseia-se na perda de carga através da válvula (Δp) e é representado da seguinte forma na Equação (14):

$$m = c.\sqrt{\Delta p} \tag{14}$$

Em que Δp é a perda de carga através da válvula de estrangulamento ou da válvula de recirculação e c é constante. A massa que flui através da válvula de estrangulamento ou de reciclo é invertida e ignorada em casos excepcionais. As equações (9 a 13) são utilizadas com base no mesmo modelo de gravdahl et al. [1] com a extensão de fink et al. [2].

O modelo do compressor é concebido utilizando as equações (9 a 13) do capítulo 4 anterior, e os resultados da simulação são invulgares e difíceis de concluir as gamas de pontos de funcionamento para evitar a sobretensão. O valor da válvula de fluxo de alimentação é constante, e sua faixa é limitada. Se a válvula for variada, seja muito alta ou muito baixa, são gerados resultados de simulação incomuns. O compressor recebe uma quantidade constante de "moléculas de ar" quando o volume do plenum (v1) é muito alto. Por isso, é um desafio implementar o sistema de compressor em cenários em tempo real. Mas, de alguma forma, o sistema do compressor deve ser dependente do valor do fluxo de alimentação.

O valor constante do fluxo de alimentação no sistema do compressor não é utilizado na realidade e deve ser variado com base no volume da pressão do plenum no sistema do compressor. Quando o sistema de compressão fornece mais fluido ou gás, então o valor da massa do fluxo de alimentação é aumentado. O compressor deve manter o volume-1 para todas as operações de tubagem a montante e o volume-2 para as operações de tubagem a jusante.

O mecanismo de fluxo de alimentação não é constante durante a execução da operação de simulação e depende mais do tipo de compressor selecionado. O fluxo de alimentação (mf) é representado na Equação (15) da seguinte forma:

$$m_f = C_f\sqrt{P_{01u} - P_1} \tag{15}$$

Em que cf é o coeficiente de caudal de alimentação, P1 é a pressão de aspiração e P01u é a pressão ambiente a montante. Quando a válvula de fluxo de alimentação é adicionada à entrada como entrada para controlar a pressão do sistema do compressor. Inicialmente, a pressão dos dois volumes é regulada para a pressão ambiente, depois o valor do caudal de alimentação diminui gradualmente e entra na região de sobrepressão.

Assim, a válvula de reciclagem é utilizada mais depois da válvula de aspiração para receber uma grande quantidade do fluxo de massa através do sistema do compressor. O resultado de um maior caudal mássico desloca o SL para a direita no mapa de caraterísticas do compressor para evitar o pico. O caudal de reciclagem (mr) é representado na Equação (16) da seguinte forma:

$$m_r = Cr\sqrt{P_2 - P_1} \tag{16}$$

Em que Cris é o coeficiente de caudal do reciclo, P1 e P2 são as pressões de aspiração e do plenum.

A entrada 3[rd] da válvula de reciclagem é recebida do mecanismo ASC utilizando diferentes respostas de saída do controlador. O fator de ganho 'At' é a área de abertura do orifício, o mesmo que a área da secção transversal da conduta. É normalmente utilizado nas válvulas de alimentação e de reciclagem para gerar um maior caudal mássico.

O mecanismo ASC recebe o caudal mássico e a caraterística do compressor (ψc) como entradas do SIR e efectua a operação de prevenção de sobretensões utilizando diferentes controladores. O mecanismo de controlo anti-surto que utiliza outros controladores está representado na Figura 8.

**Mecanismo de controlo anti-surto**

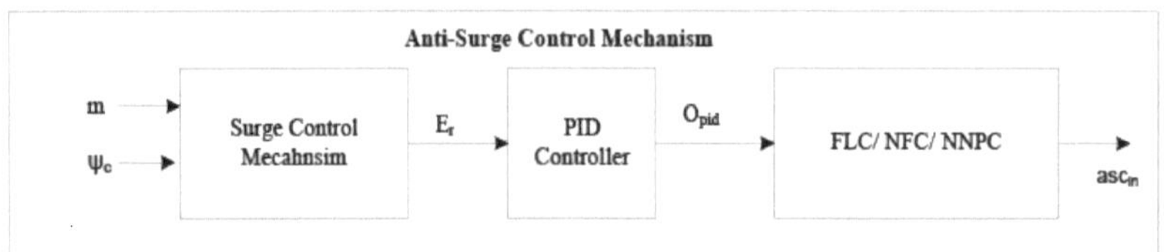


Figura 8: Mecanismo de controlo anti-surto utilizando diferentes controladores

A linha de sobretensão (SL) e a linha de controlo de sobretensão (SCL) são lineares e horizontais à margem de sobretensão. A caraterística do compressor baseada na SCL ($\psi_{scl}$) relativamente ao caudal mássico é representada na Equação (17) da seguinte forma:

$$\psi_{scl}(m) = im + j \qquad (17)$$

Quando i e j são coeficientes SCL, a posição do ponto de funcionamento (OP) está à direita do SCL se o mecanismo de controlo não for ativado. O mecanismo de controlo só é ativado quando o ponto de funcionamento (OP) está à esquerda do SCL.

Os diferentes controladores, como o PID seguido do FLC/NFC/NNPC, são utilizados para executar o mecanismo de controlo para posicionar o OP de volta para a direita. A compreensão do mecanismo de controlo é descrita da seguinte forma: A distância (d) é calculada encontrando a diferença horizontal entre a posição do OP e a SCL, representada na Equação (18) da seguinte forma:

$$d_i = m - m_{scl}(\psi_c) \qquad (18)$$

A posição OP é determinada pelo caudal mássico (m) e pelas caraterísticas do compressor ($\psi c$). Quando a pressão aumenta, então $o\psi_{scl}$ *(m)* é o mesmo *que*$\psi c$. Assim, para calcular o $\psi_{scl}$ *(m)* utiliza-se a Equação (17) realizando a operação de inversão e são representados na Equação (19) como segue:

$$m_{scl}(\psi_c) = \frac{\psi_c - j}{i} \qquad (19)$$

O valor da distância da Equação (18) é calculado utilizando a Equação (19).

A distância horizontal mede o valor do erro ($E_r$) utilizando a posição SCL e OP. O valor do erro é calculado com base no mecanismo seguinte:

- Se a distância ($d_i$) for positiva e superior a zero, o valor do erro é considerado zero e não é necessário efetuar qualquer operação do mecanismo de controlo. Então, a posição do OP está correta para o SCL.

- Se a distância ($d_i$) for negativa, o seu valor positivo é considerado um erro no mecanismo de controlo.

O valor do erro ($E_r$) é determinado utilizando a equação (20) do seguinte modo:

$$E_r = \begin{cases} 0 & d_i > 0 \\ -d_i & else \end{cases} \qquad (20)$$

Este valor de erro é introduzido no controlador PID, seguido de outros controladores. A saída ($O_{pid}$) do controlador PID é representada na Equação (21) da seguinte forma:

$$O_{pid} = K_p E_r + K_i \int_0^t E_r dt \qquad (21)$$

Quando $K_p$ e $K_i$ são factores de ganho para os controladores PID, o valor do ganho proporcional ($K_p$) é 2,5 e o valor do ganho proporcional integral ($K_i$) é 5,5.

O valor de saída do controlador PID ($O_{pid}$) é utilizado diretamente como saída ASC na válvula de reciclagem para controlar a percentagem do fluxo. A válvula de reciclagem produz a saída ($m_r$) depois de efetuar o mecanismo ASC utilizando o controlador PID e é representada na Equação (22) do seguinte modo

$$m_r = O_{pid} \sqrt{P_2 - P_1} \qquad (22)$$

A posição do PO será melhorada através da utilização de mecanismos de controlo NN no ASC e é explicada nas secções seguintes.

**Compressor com controlo anti-surto utilizando NNPC**

O controlador preditivo de redes neuronais (NNPC) é utilizado para prever o desempenho futuro do SIR com base no modelo NN. O NNPC é constituído essencialmente por uma unidade de otimização, um modelo NN e um modelo SIR. A arquitetura do NNPC utilizada no SIR com mecanismo ASC é ilustrada na Figura 9.

O NNPC calcula a entrada do modelo NN (m) e optimiza ainda mais o desempenho do SIR ao longo do horizonte temporal definido. O NNPC identifica primeiro o SIR como um modelo de fábrica e é adicionalmente utilizado para prever o desempenho futuro do SIR utilizando o mecanismo ASC. O NNPC é analisado no mecanismo de duas fases.

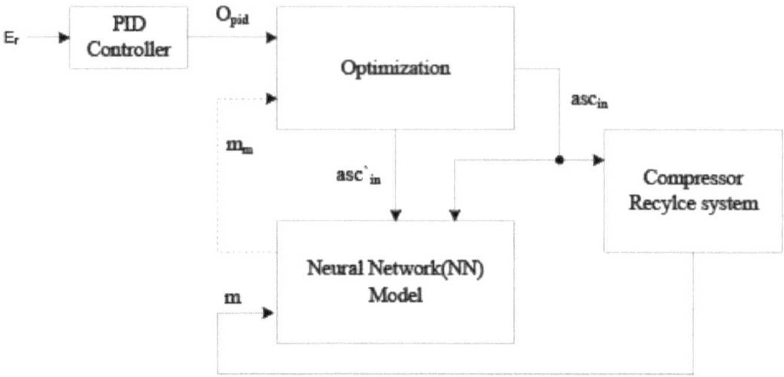


Figura 9: Arquitetura da NNPC utilizada no SIR com mecanismo ASC

Na primeira fase, para estudar a dinâmica do SIR, um mecanismo de controlo preditivo treina o modelo NN. O erro de previsão entre a saída do modo NN e a saída do SIR é calculado com base no sinal de treinamento do NN. O modelo NN [23] utiliza as entradas anteriores (Otimização) e a saída do SIR anterior para examinar os valores de saída do SIR. O algoritmo de otimização é utilizado para garantir a precisão e para calcular o sinal de controlo na segunda fase. Durante um horizonte temporal específico, este sinal de controlo minimiza o desempenho da seguinte Equação (23).

$$J = \sum_{j=N1}^{N2}(O_{pid}(t+j) - m_m(t+j))^2 + \rho\sum_{j=1}^{Nu}(asc`_{in}(t+j-1) - asc`_{in}(t+j-2))^2 \qquad (23)$$

O sinal $asc'_{in}$ é utilizado como um sinal de controlo temporário no modelo NN. O sinal mm fornece uma resposta do modelo NN. Os valores *Ni, N2* e *Nu* indicam o custo e a caraterística do horizonte de controlo.

O valor de J é minimizado utilizando o algoritmo de otimização, determinando o sinal de controlo *asc'i,*. A saída de otimização *asci,* é utilizada posteriormente no CRS para evitar sobretensões. O mecanismo ASC usando NNPC fornece a saída de otimização *asci,* e é usado no valor de reciclagem para a geração de saída. É representado na Equação (24) da seguinte forma:

$$m_r = O_{pid}.asc_{in}.\sqrt{P_2 - P_1} \qquad (24)$$

# CAPÍTULO 6

# 6. RESULTADOS DA INVESTIGAÇÃO PROPOSTA

## 6.1 Mecanismo de controlo híbrido utilizando a abordagem de programação de ganhos

### Resultados

As métricas de desempenho do controlador híbrido sem e com a abordagem GS são discutidas nesta secção. O controlador híbrido é modelado utilizando um ambiente Simulink. Os parâmetros de desempenho, como o tempo de subida (RT), o tempo de estabilização (ST), o tempo de ultrapassagem (OT) e o tempo de pico (PT), são ilustrados em pormenor. A resposta do sistema do controlador diferente sem utilizar a abordagem GS é apresentada na Figura 10.

O FLC baseado em PD proporciona melhores % de ultrapassagem e valor de pico do que o controlador PI/PID e a abordagem FLC baseada em PI. A análise do desempenho dos diferentes controladores é apresentada na Tabela 2.

A resposta dos diferentes controladores utilizando a abordagem de escalonamento do ganho é ilustrada na Figura 11. O controlador FLC baseado em PD com a abordagem GS proporciona melhores % de ultrapassagem e valor de pico do que o controlador PI/PID e o controlador FLC baseado em PI com a abordagem GS. O controlador PID com abordagem GS reduz cerca de 56,9% do tempo máximo de ultrapassagem do que o controlador PD com abordagem GS, embora a ultrapassagem do controlador PID continue a ser elevada, o que gera uma deformação de alto nível no sistema. Assim, a abordagem dos controladores híbridos melhora os parâmetros de desempenho do sistema de controlo.

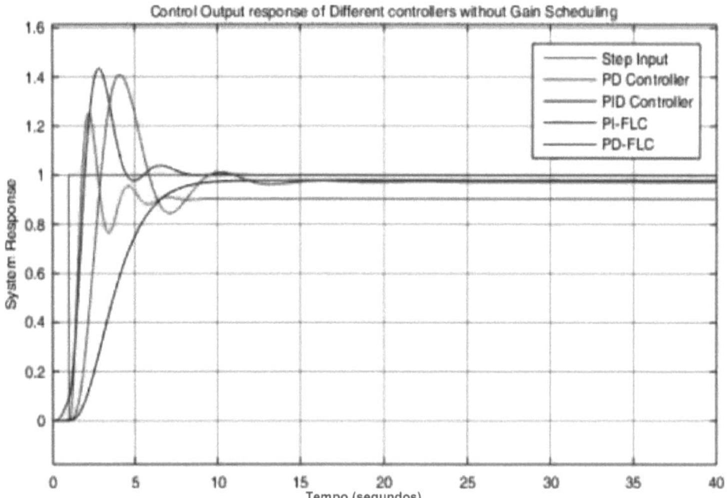


Figura 10: resposta do sistema do controlador diferente

Tabela 2: Análise do desempenho de diferentes controladores

| Abordagem | Controladores sem GS | | | | |
|---|---|---|---|---|---|
| | ***Tempo de subida (RT)*** | ***Tempo de estabilização (ST)*** | ***% de ultrapassagem (OS)*** | ***Hora de ponta (PT)*** | ***Valor de pico*** |
| PD | 0.6 | 7.01 | 31.61 | 3 | 1.18 |
| PID | 0.85 | 8.47 | 42.1 | 4 | 1.42 |
| PI-FLC | 1.48 | 12.24 | 44.36 | 5 | 1.4 |
| PD-FLC | 4.26 | 9.4 | 0.014 | 19 | 0.97 |

O sistema FLC baseado em PD com a abordagem GS proporciona melhor tempo de estabilização, % de tempo de ultrapassagem e valor de pico do que o controlador PI/PID e o FLC baseado em PI com a abordagem GS. A resposta de controlo do sistema e o desempenho do FLC baseado em PD com a abordagem GS são melhores do que as outras abordagens.

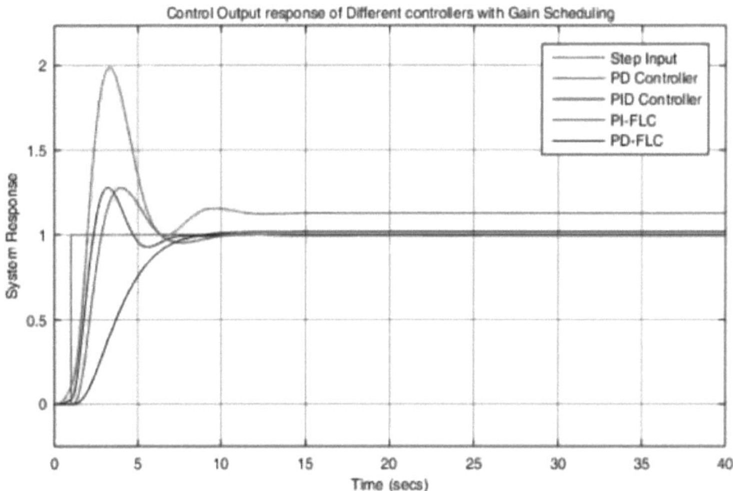


Figura 11: Resposta do sistema do controlador diferente utilizando a abordagem de programação do ganho

Quadro 3: análise do desempenho de diferentes controladores utilizando a abordagem GS

| Abordagem | Controladores com GS | | | | |
|---|---|---|---|---|---|
| | ***Tempo de subida (RT)*** | ***Tempo de estabilização*** | ***% de ultrapassagem*** | ***Hora de ponta (PT)*** | ***Valor de pico*** |

| | | (ST) | (OS) | | |
|---|---|---|---|---|---|
| PD | 1.12 | 9.64 | 61.74 | 5 | 1.84 |
| PID | 1.2 | 7.97 | 26.6 | 4 | 1.2 |
| PI-FLC | 1.475 | 10.07 | 28.53 | 5 | 1.27 |
| PD-FLC | 4.19 | 9.27 | 0.0036 | 15 | 1 |

A análise de erro é calculada utilizando a entrada em degrau e a resposta do sistema da instalação. O erro absoluto integral no tempo (ITAE), o erro absoluto integral (IAE), o erro quadrático integrado (ISE) e o erro absoluto integral quadrático (ISAE) são utilizados para a realização da análise de erros. A análise de erro sem e com a abordagem GS para diferentes controladores é ilustrada nas Tabelas 4 e 5. O FLC baseado em PI/PD (sem e com abordagem GS) fornece melhores ITAE, IAE, ISE e ITSE do que o sistema convencional baseado em PI/PID.

O valor do erro do sistema FLC baseado em PD com abordagem GS é minimizado em IAE cerca de 7,4 %, ITAE de 7,9 %, ISE de 16 % e ITSE de 15,18 % do que o sistema FLC baseado em PI sem abordagem GS.

Quadro 4: Análise de erros de diferentes controladores

| **Abordagem** | **Controladores sem GS** | | | |
|---|---|---|---|---|
| | *ITAE* | *IAE* | *ISE* | *ITSE* |
| PD | 79.21 | 4.335 | 0.7671 | 8.239 |
| PID | 3.12 | 1.23 | 0.544 | 1.043 |
| PI-FLC | 2.935 | 0.147 | 6.06E-03 | 0.01855 |
| PD-FLC | 17.54 | 0.85 | 0.018 | 0.3847 |

Tabela 5: Análise de erros de diferentes controladores utilizando a abordagem GS

| **Abordagem** | **Controladores com GS** | | | |
|---|---|---|---|---|
| | *ITAE* | *IAE* | *ISE* | *ITSE* |
| PD | 10.65 | 0.6972 | 0.0026 | 0.1876 |
| PID | 0.338 | 0.129 | 0.0063 | 0.0105 |
| PI-FLC | 5.157 | 0.257 | 0.0018 | 0.00175 |
| PD-FLC | 16.15 | 0.787 | 0.015 | 0.3263 |

### 6.2 Resultados do modelo de compressor centrífugo

O sistema de compressor centrífugo é modelado utilizando o ambiente MATLAB Simulink.

O sistema de compressor centrífugo de velocidade variável é ilustrado na Figura 12. A entrada de binário ($\tau_d$) é gerada pela multiplicação da válvula constante por uma entrada em degrau. A entrada do acelerador é gerada utilizando um sinal de rampa com um bloco de saturação. O limite superior é um e o limite inferior é fixado em 0,2 no bloco de saturação. O tempo de simulação é fixado em 10 para a análise dos resultados da métrica de desempenho.

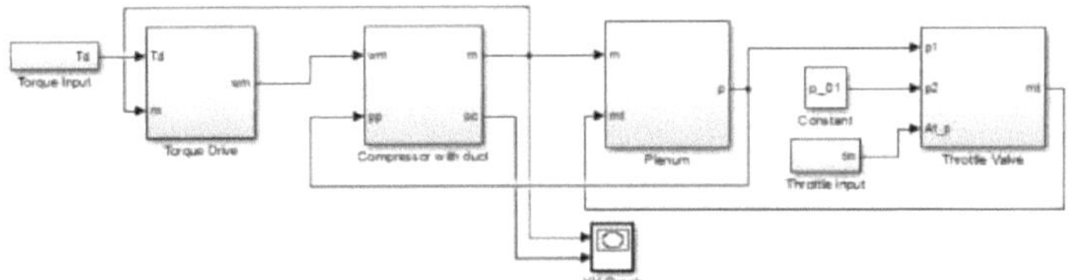


Figura 12: Modelo Simulink do sistema de compressores

O acionamento do binário recebe a entrada de binário e o valor do fluxo de massa do compressor com o bloco de condutas para produzir a velocidade angular. Os resultados da simulação da velocidade (saída de binário) do compressor são ilustrados na Figura 13. Quando o caudal de massa aumenta, a velocidade angular varia e atinge cerca de 4000 rad/s.

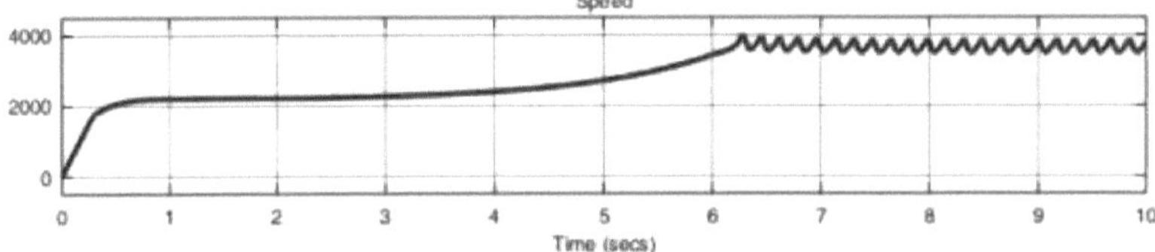


Figura 13: Resultados da simulação da velocidade (binário de saída) do compressor

O bloco Compressor com conduta recebe a velocidade angular e a pressão do plenum como entradas e produz o valor do fluxo de massa e o gráfico caraterístico do compressor. A válvula de estrangulamento considera os valores do plenum, da pressão ambiente e do acelerador como entradas e cria o valor do caudal mássico do acelerador. Os resultados da simulação do caudal mássico e da massa da borboleta são ilustrados na Figura 14. O valor do caudal mássico varia até 0,6 kg/s, e o valor do caudal mássico do acelerador varia até 0,2 kg/s.

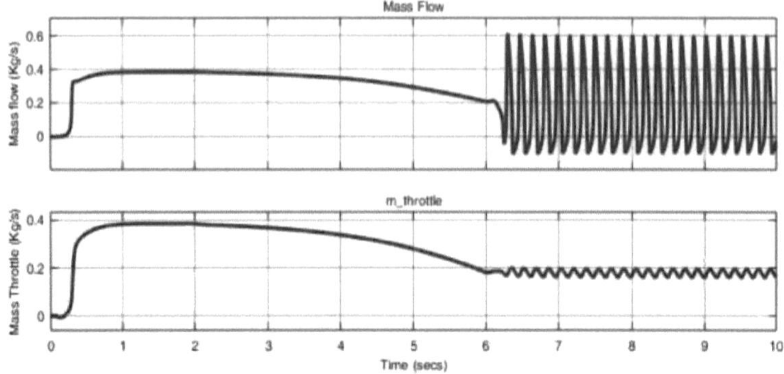


Figura 14: Resultados da simulação do caudal mássico e da massa do acelerador

O bloco Plenum recebe o valor do caudal mássico juntamente com o caudal mássico do acelerador para gerar o valor da pressão do plenum. Os resultados da simulação da pressão do plenum estão ilustrados na Figura 15. O valor da pressão do plenum variou de 1,5 x $10^5$ a 1,7 x $10^5$ Pascal.

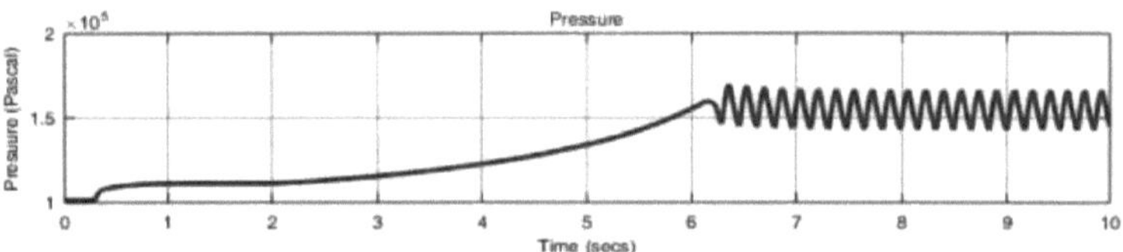


Figura 15: Resultados da simulação da pressão no plenum

A variação nos valores de massa e pressão do acelerador dos valores de massa ocorre devido a instabilidades no sistema do compressor, como a ocorrência de picos. Quando o caudal mássico aumenta, o rácio de pressão também aumenta e atinge o ponto de pico. A caraterística do compressor do sistema de compressão é ilustrada na Figura 16. O caudal mássico versus a relação de pressão fornece o mapa das caraterísticas do compressor. A curva de funcionamento não é estável quando o caudal mássico e o valor da relação de pressão aumentam e causam o problema de sobretensão do sistema do compressor. Estes problemas de sobretensão no sistema de compressor centrífugo são ultrapassados utilizando mecanismos anti-surto através da introdução de uma unidade de reciclagem com controladores avançados. A unidade de reciclagem com um controlador avançado evita a linha de sobretensão dentro dos limites.

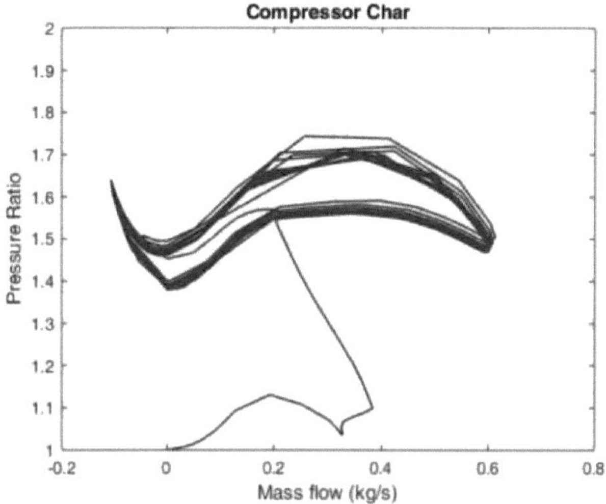

Figura 16: Caraterísticas do compressor do sistema de compressores

### 6.3 Sistema de reciclagem de compressores com ASC utilizando NNs Resultados

Figure 17 apresenta um modelo Simulink do mecanismo ASC que utiliza o NNPC. O controlo de sobretensões, a unidade de geração de erros e um controlador PI seguido do NNPC são os principais componentes da unidade ASC. O ASC que utiliza o NNPC gera a saída da resposta de controlo e envia-a de volta ao SIR para evitar picos de tensão.

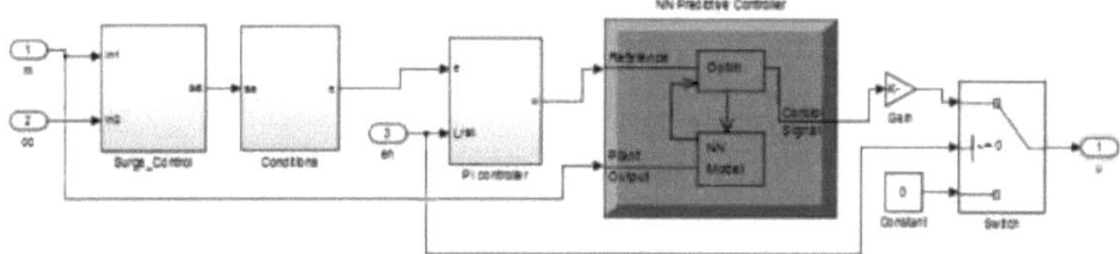

Figura 17: Modelo Simulink do mecanismo ASC utilizando o NNPC

Figure 18 mostra os diferentes resultados de massa do SIR, tais como o caudal mássico (m), o caudal mássico do acelerador ($m_t$), o caudal mássico de reciclagem (mr) e o caudal mássico de alimentação ($m_f$) do SIR utilizando o NNPC.

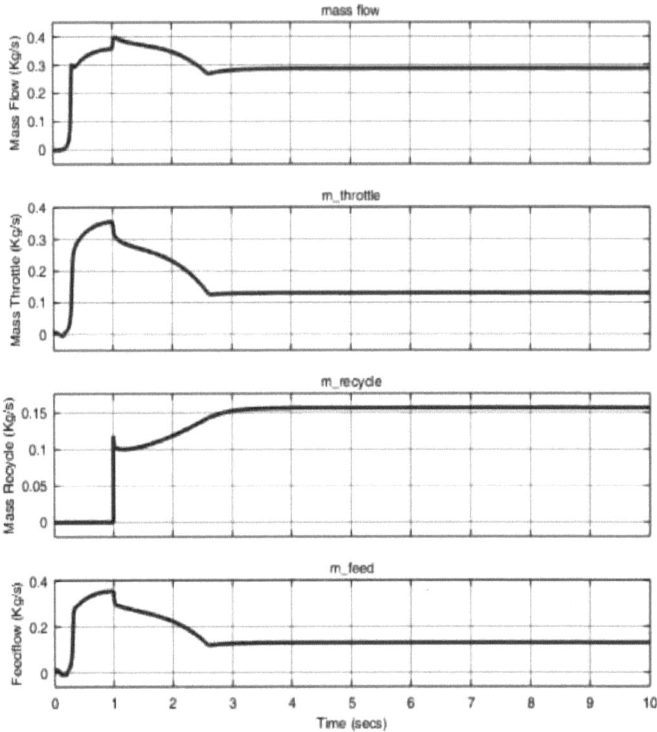

Figura 18: Diferentes resultados de massa do SIR utilizando o NNPC

Com base na resposta de saída do NNPC, o valor do caudal mássico variou entre 0,4 kg/s e 0,286 kg/s após atingir o estado estacionário. A pressão ambiente ($P_{01a}$) e a pressão do plenum ($P_2$) são utilizadas para a geração da saída da válvula de estrangulamento de massa, e atinge 0,129 kg/s após a resposta do NNPC. A saída da válvula de reciclagem não é activada (durante o primeiro segundo) até que o NNPC responda, e depois flutua até 0,157 Kg/s dependendo da resposta do controlador. O caudal mássico de alimentação não é ativado no início, variando até 0,355 kg/s antes de diminuir progressivamente até 0,13 kg/s, indicando que o SIR está a entrar na linha de compensação (SL). Quando o caudal de alimentação mássica estiver estável, o ponto de funcionamento (OP) é deslocado da SL para a SCL.

Figure 19 mostra os resultados da velocidade angular do SIR quando se utiliza o NNPC. O acionamento por binário dá uma velocidade de 3000 rad/s com base na condição de estado estacionário da resposta de saída do NNPC. A Figura 20 mostra os resultados da pressão do SIR utilizando o NNPC. Os valores da pressão de aspiração ($P_1$) e da pressão no plenum ($P_2$) reduziram-se gradualmente e aproximaram-se do estado estacionário após a resposta de saída do NNPC.

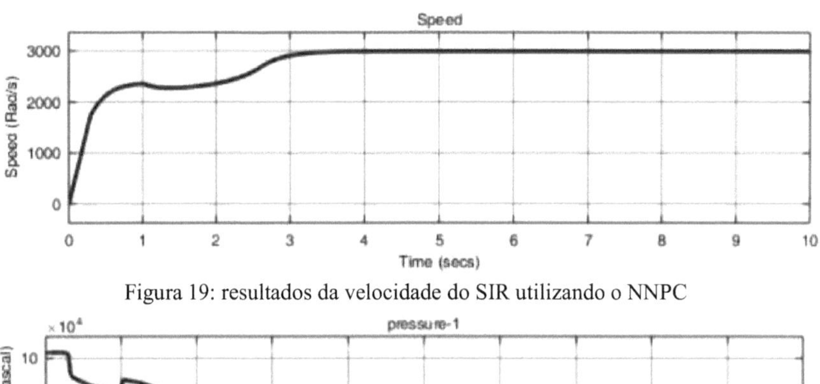


Figura 19: resultados da velocidade do SIR utilizando o NNPC

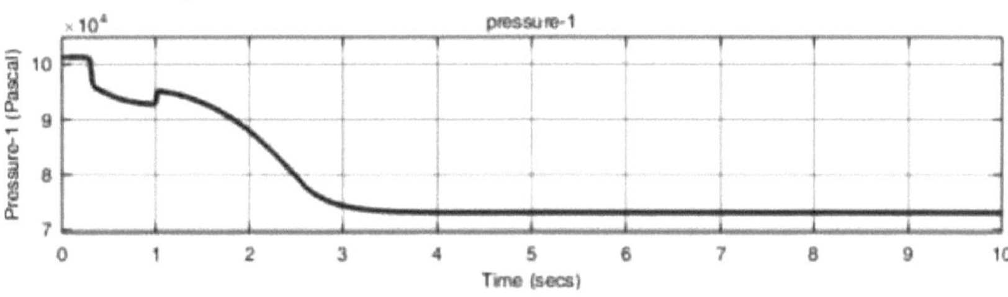


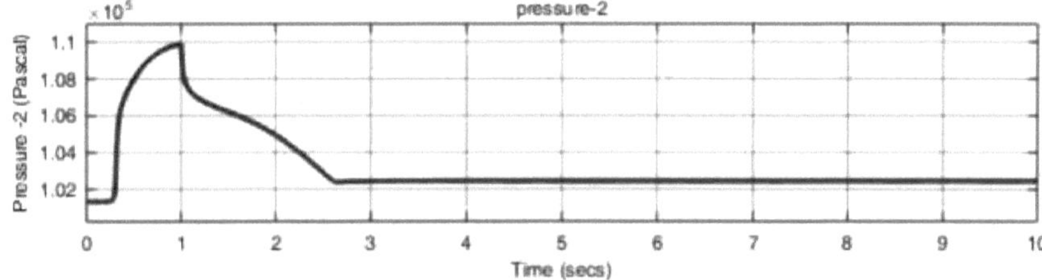


Figura 20: Resultados da pressão do SIR utilizando o NNPC

A Figura 21 mostra as saídas relacionadas com o mecanismo ASC utilizando o FLC. Depois de fornecer a resposta NNPC às caraterísticas da massa e do compressor do SIR, a saída do controlo de sobretensão aproxima-se do estado estacionário (zero). A entrada de erro é criada com base nas circunstâncias da unidade ASC, e cai para zero quando o mecanismo ASC é ativado. A Figura 21 também mostra a saída do NNPC antes e depois do Thresholding.

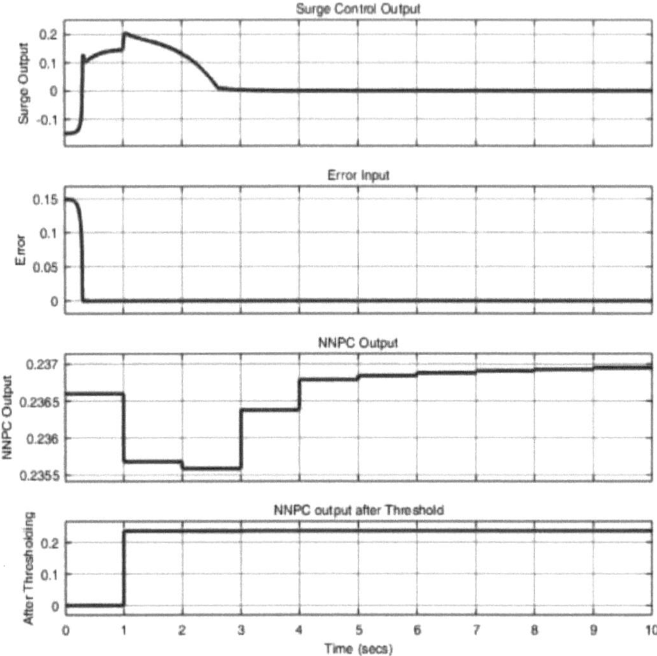

Figura 21: Resultados relacionados com a ASC utilizando o NNPC

A figura 22 mostra a localização do ponto de funcionamento no SIR utilizando um NNPC. O SL e o SCL são lineares e definidos para descobrir a localização do OP utilizando um NNPC para simular o mecanismo CRS com ASC. Durante o arranque, o OP é deslocado para a esquerda e depois para a direita, adjacente à SCL, depois de o fluxo de alimentação ter atingido uma condição estável. A posição do OP é localizada junto à SCL com base na resposta de saída do NNPC no mecanismo ASC. O NNPC proporciona uma melhor posição do OP e evita o pico no SIR do que os outros três controladores, como o controlador PID, o FLC e o NFC.

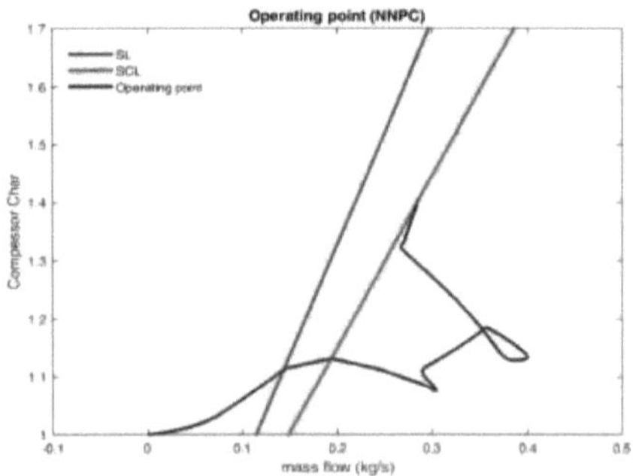

Figura 22: Posição do ponto de funcionamento no SIR utilizando o NNPC

**Comparação do desempenho:** Nesta secção, são analisadas as métricas de desempenho e o cálculo do erro do mecanismo SIR com ASC utilizando diferentes controladores. A comparação do desempenho da resposta de saída dos outros controladores para o mecanismo SIR com ASC é ilustrada na Figura 23. A resposta do sistema (após o limiar) dos diferentes controladores, como o PID, o FLC, o NFC e o NNPC, é representada em função do tempo.

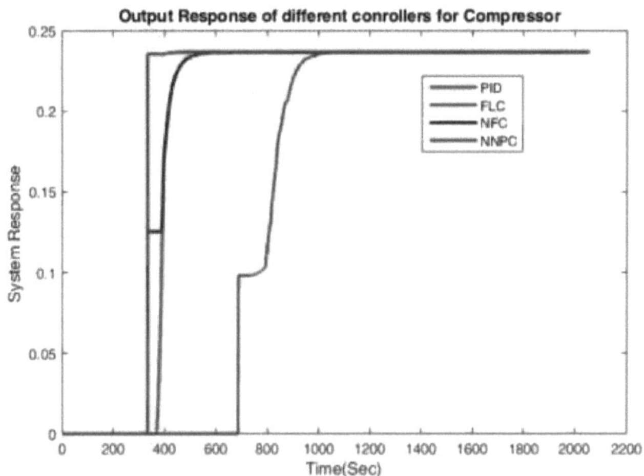


Figura 23: Comparação do desempenho de diferentes controladores para o SIR

A resposta do sistema inclui o tempo de subida (RT), o tempo de estabilização (ST), o tempo de ultrapassagem %, o valor de pico e o valor de pico são ilustrados. O FLC consome mais tempo para fornecer a resposta do sistema do que os outros controladores. O NNPC utiliza menos tempo de resposta do que os outros três controladores.

Quadro 6: Comparação das respostas do sistema CRS com ASC utilizando diferentes controladores

| **Respostas do sistema** | **PID** | **FLC** | **NFC** | **NNPC** |
|---|---|---|---|---|
| Tempo de subida | 0.9765 | 1.9054 | 0.1112 | 0.0013 |
| Tempo de liquidação | 4.2709 | 3.8705 | 0.2366 | 0.2369 |
| % de ultrapassagem | 0.2633 | 0.0774 | 0 | 0 |
| Pico | 0.2372 | 0.2368 | 10 | 10 |
| Hora de ponta | 7.3779 | 6.6519 | 0.2366 | 0.237 |

A resposta do sistema do controlador PID do SIR com mecanismo ASC dá um tempo de subida de 0,9765 segundos, que se fixa em 4,27 segundos com uma % de ultrapassagem de

0,263. A resposta do sistema FLC do SIR com mecanismo ASC dá um tempo de subida de 1,905 s, que se fixa em 3,87 s com uma % de ultrapassagem de 0,0774. A resposta do sistema NFC do SIR com mecanismo ASC dá um tempo de subida de 0,111 s, que se fixa em 0,2366 s com uma % de ultrapassagem de zero. Em contrapartida, a resposta do sistema NNPC do SIR com mecanismo ASC dá um tempo de subida de 0,0013 s, que se fixa em 0,2369 s com uma percentagem de ultrapassagem de zero.

O SIR baseado no NNPC com mecanismo ASC proporciona uma melhor resposta dinâmica do sistema com um tempo de subida mínimo, uma estabilização antecipada e uma % de ultrapassagem nula do que os outros três controladores (PID, FLC e NFC) baseados no SIR com mecanismos ASC. O SIR baseado no NNPC com mecanismo ASC utiliza um melhor tempo de subida de 99,86%, tempo de estabilização de 94,45% e tempo de ultrapassagem de 100% do que o SIR baseado no controlador PID com mecanismo ASC. Da mesma forma, o SIR baseado no NNPC com mecanismo ASC utiliza um tempo de subida melhor de 99,93%, um tempo de estabilização de 93,87% e um tempo de ultrapassagem de 100% do que o SIR baseado no FLC com mecanismo ASC. O SIR baseado em NNPC com mecanismo ASC utiliza um tempo de subida melhor de 98,83% do que o SIR baseado em NFC com mecanismo ASC.

A análise de erro do mecanismo CRS com ASC para a resposta do sistema do controlador é tabulada na Tabela 7. O cálculo do erro considera os parâmetros do Erro Quadrático Integral (ISE), do Erro Absoluto Integral (IAE) e do Erro Absoluto Integral no Tempo (ITAE).

Tabela 7: Análise de erro do mecanismo CRS com ASC para a resposta do sistema do controlador

| Cálculo de erros | PID | FLC | NFC | NNPC |
|---|---|---|---|---|
| ISE | 0.006976 | 0.006256 | 0.006616 | 0.005906 |
| IAE | 0.08471 | 0.06393 | 0.07852 | 0.04168 |
| ITAE | 0.1371 | 0.07372 | 0.1322 | 0.005904 |

A resposta ao erro do SIR baseado no NNPC supera o SIRC baseado no PID em 14,49 % no ISE, 51,9 % no IAE e 95,6 % no ITAE. Do mesmo modo, o ISE melhora 4,83 %, o IAE melhora 34,8 % e o ITAE melhora 91,04 % em comparação com o SIR baseado em FLC. Comparado com o SIR baseado em NFC, o SIR baseado em NNPC melhora 11,86% em ISE, 34,92% em IAE e 95,53% em ITAE.

# CAPÍTULO 7

# 7. RESUMO

Os compressores centrífugos aumentam a pressão e a produção de óleo em muitos sectores. A avaria do sistema de compressores interrompe a produção e o desempenho de todo o sistema. É um desafio e necessário evitar perdas. A sobretensão é um problema comum com instabilidades dinâmicas nos compressores quando estes já não satisfazem a procura do processo. Para evitar os problemas de surto, uma quantidade de gás é reciclada de volta para a entrada da máquina para aumentar a taxa de fluxo e empurrar os compressores para fora da região de surto. O mecanismo de controlo anti-surto é incorporado nos compressores centrífugos para evitar o surto e manter a posição de funcionamento estável utilizando redes neuronais. As contribuições da tese para a investigação proposta e o âmbito futuro são destacados na secção seguinte.

## 7.1 Contribuições

A contribuição significativa do trabalho de investigação e as conclusões essenciais são destacadas e descritas de seguida.

- O trabalho de investigação tem três objectivos de conceção para projetar os compressores centrífugos com ASC, utilizando abordagens de controlo. O primeiro objetivo trata da modelagem de um controlador híbrido usando uma abordagem de escalonamento de ganhos para linearizar o sistema não-linear. O segundo objetivo descreve o modelo do compressor centrífugo relativamente à abordagem Greitzer e à realização do desempenho. O objetivo final e 3$^{rd}$ explora o mecanismo ASC no compressor centrífugo utilizando diferentes técnicas de controlo, principalmente redes neuronais, para melhorar a eficiência, a gama de funcionamento e a resposta de saída.

- O capítulo 2 destaca a revisão exaustiva da modelação do compressor centrífugo para diferentes aplicações, pontos de vista, seguida do compressor com mecanismo ASC utilizando vários controlos como PID, FLC, NFC, redes neuronais e outras abordagens de controlo. O resumo dos trabalhos de revisão é tabulado com uma abordagem de conceção; os resultados são analisados com limitações. Por fim, destacam-se as lacunas de investigação dos trabalhos actuais.

- O Capítulo 3 descreve a modelação de um mecanismo de controlo híbrido utilizando uma abordagem de programação de ganhos. Em primeiro lugar, a modelação da instalação com uma função de transferência não linear utilizando a abordagem PI/PD com controlador lógico difuso e a realização das métricas de desempenho. Em segundo lugar, incorporar a abordagem de programação de ganhos para linearizar a função não linear (planta) utilizando a abordagem de controlo híbrido. O sistema de controlo híbrido inclui o FLC baseado em PI/PD seguido de uma abordagem de programação de ganhos. O funcionamento pormenorizado do FLC é explicado. O desempenho destes módulos é realizado sem e com abordagens de programação de ganhos.

- Os resultados da simulação destes modelos são discutidos em pormenor, incluindo o sinal de erro do controlador, o sinal de saída e a resposta do sistema. Os resultados e a discussão são efectuados com base na resposta de saída do controlador. Os parâmetros da resposta dinâmica, como o tempo de subida, o tempo de ultrapassagem em % e o tempo de estabilização, são discutidos utilizando as abordagens acima referidas. A análise de erros inclui IAE, ITAE, ISE e ITSE, que são calculados para os modelos acima referidos sem e com abordagens de programação de ganhos. Em comparação com o sistema FLC baseado em PI sem o método GS, o valor do erro do sistema FLC baseado em PD com a abordagem GS é minimizado em IAE aproximadamente 7,4 %, ITAE de 7,9 %, ISE de 16 % e ITSE de 15,18 %.

- O Capítulo 4 explica a modelação do sistema de compressor centrífugo. São discutidos os princípios de funcionamento, as limitações da gama de funcionamento e os problemas de sobretensão/instalação. O compressor centrífugo simples de velocidade variável é modelado utilizando expressões matemáticas. O sistema de compressor centrífugo é mantido de gravdahl et al. com extensão. Os submódulos dos compressores centrífugos são modelados utilizando o Simulink de acordo com as equações matemáticas. Os resultados da simulação do compressor centrífugo são discutidos em pormenor, incluindo a velocidade como binário de saída, o caudal mássico, o caudal do acelerador e a pressão no plenum. É analisado o gráfico das caraterísticas do compressor utilizando o caudal mássico e o rácio de pressão. O gráfico caraterístico do compressor mostra que a curva de funcionamento se torna instável quando o caudal mássico e o valor da relação de pressão aumentam, provocando a sobretensão do sistema do compressor. O mecanismo ASC é incorporado nos compressores centrífugos para minimizar os problemas de sobretensão.

- O capítulo 5 descreve em pormenor o mecanismo de controlo anti-surto (ASC) baseado em redes neuronais para o sistema de reciclagem de compressores centrífugos (CRS). O sistema de reciclagem do compressor com mecanismo ASC inclui principalmente aspiração, unidade plenum, unidade de acionamento de binário, compressor com conduta, unidade de fluxo de alimentação, unidade de válvula de reciclagem e mecanismo de controlo. O mecanismo ASC contém principalmente uma unidade de controlo de picos de tensão, seguida de um controlador PID e de outros controladores. O controlador preditivo de rede neural (NNPC) é incorporado no mecanismo ASC para evitar problemas de sobretensão no compressor. Além disso, são utilizados diferentes controladores, como o PID, o FLC e o NFC, no mecanismo ASC para uma discussão comparativa. O ASC com os módulos FLC e

NFC é discutido em pormenor. O SIR com ASC que utiliza o módulo NNPC é apresentado em pormenor. O módulo inclui a configuração do NNPC, a identificação da instalação, a configuração da formação e a avaliação do desempenho.

- Os resultados da simulação do CRS com um mecanismo de controlo anti-surto (ASC) utilizando PID, FLC, NFC e NNPC são discutidos na secção de resultados. Os resultados da simulação incluem diferentes resultados de caudal (caudal mássico, caudal de estrangulamento, caudal de alimentação e caudal de reciclagem), resultados de velocidade, sucção, resultados de pressão no plenum e resultados de saída relacionados com o ASC para todos os controladores. A posição do ponto de funcionamento no SIR utilizando diferentes controladores é discutida em pormenor. É analisada a comparação do desempenho da resposta do sistema de outros controladores, como o tempo de subida, o tempo de ultrapassagem em % e o tempo de estabilização. O cálculo do erro (IAE, ITAE e ISE) utilizando as respostas de saída é comparado entre os diferentes controladores.

- A resposta do sistema NNPC do CRS com mecanismo ASC oferece um tempo de subida de 0,0013 s, que se estabelece em 0,2369 s com uma % de tempo de ultrapassagem de zero. O CRS baseado no NNPC com mecanismo ASC utiliza um melhor tempo de ultrapassagem do que outras abordagens. A resposta ao erro do sistema SIR baseado no NNPC melhorou cerca de 14,49% em termos de ISE, 51,9% em termos de IAE e 95,6% em termos de ITAE, em comparação com a abordagem de controlo baseada no PID. Em contrapartida, o ISE melhorou 4,83%, o IAE 34,8% e o ITAE 91,04% em relação à abordagem de controlo baseada em FLC. O sistema SIR baseado no NNPC melhorou o ISE em 11,86%, o IAE em 34,92% e o ITAE em 95,53% em relação à abordagem de controlo baseada no NFC.

- Em geral, o mecanismo ASC baseado no NNPC no sistema SIR fornece melhores respostas do sistema de controlo e respostas a erros do que o mecanismo ASC baseado no PID, FLC e NFC no sistema SIR.

## 7.2 Âmbito futuro

O âmbito futuro do presente trabalho é apresentado a seguir.

- O compressor centrífugo com mecanismo ASC pode ser incorporado em plantas de gás e outras plantas de processo para analisar o desempenho em tempo real.

- O mecanismo ASC que utiliza a abordagem de controlo pode ser substituído por uma abordagem de aprendizagem avançada para melhorar as métricas de desempenho nos compressores.

- O sistema de reciclagem do compressor com mecanismo ASC pode ser alargado com o novo modelo de sistema de reciclagem para analisar a melhoria e verificação da estabilidade.

- Analisar a importância dos parâmetros do compressor, como a área, o tipo de conduta e o comprimento da linha de reciclagem, para avaliar o controlo ativo de sobretensão/instalação.

# REFERÊNCIAS

[1] Gravdahl, Jan Tommy, e Olav Egeland. *Sobretensão do compressor e perda de rotação: Modelação e controlo*. Springer Science & Business Media, 1999.

[2] Fink, David Alan, Nicholas A. Cumpsty e Edward M. Greitzer. "Dinâmica de surto num sistema de compressor centrífugo de piscina livre." (1992): 321-332.

[3] Greitzer, Edward M. "Surge and rotating stall in axial flow compressors-Part II: experimental results and comparison with theory." (1976): 199-211.

[4] Gravdahl, Jan Tommy, e Olav Egeland. "Um modelo de compressor axial Moore-Greitzer com dinâmica de carretel". In *Proceedings of the 36th IEEE Conference on Decision and Control*, vol. 5, pp. 4714-4719. IEEE, 1997.

[5] Badmus, O. O., C. N. Nett, e F. J. Schork. "Um sistema integrado de controlo de sobretensão de gama completa/controlo de evitamento de estol rotativo do compressor." In *1991 American Control Conference*, pp. 31733180. IEEE, 1991.

[6] Batson, Brett W. "Sistemas de coordenadas invariantes para controlo de compressores". Em *Turbo Expo: Power for Land, Sea, and Air*, vol. 78729, p. V001T01A070. Sociedade Americana de Engenheiros Mecânicos, 1996.

[7] Gravdahl, Jan Tommy, Olav Egeland e Svein Ove Vatland. "Atuação do binário de acionamento no controlo ativo de sobretensão de compressores centrífugos." *Automatica* 38, no. 11 (2002): 1881-1893.

[8] B0hagen, Bj0rnar, e Jan Tommy Gravdahl. "Controlo ativo de sobretensão do sistema de compressão utilizando o binário de acionamento." *Automatica* 44, no. 4 (2008): 1135-1140.

[9] Shehata, Raef S., Hussein A. Abdullah e Fayez FG Areed. "Controlo de sobretensão por lógica difusa em compressores centrífugos de velocidade constante". Na *Conferência Canadiana de Engenharia Eletrotécnica e de Computadores de 2008*, pp. 000653-000658. IEEE, 2008.

[10] Albehigi, Abdulkareem A. Wahab, e Rasha Hyder Hashim. "Experimental and Theoretical Analysis of the Surge in a Centrifugal Compressor." Em *Modern Methods of Construction Design*, pp. 317-328. Springer, Cham, 2014.

[11] Fanxin, Meng, Gao Zanjun, Zheng Wenyuan e Hu Wenchao. "Investigação de tecnologias-chave para o sistema de ar de abastecimento de cabina eléctrica de aeronaves mais eléctricas". (2018): 125-5.

[12] Ding, Hao, e Bulent Sarlioglu. "Projeto de uma nova máquina PM de comutação de fluxo axial integrada ao compressor centrífugo com impulsores radiais". Em *2019IEEE Transportation Electrification Conference and Expo (ITEC)*, pp. 1-6. IEEE, 2019.

[13] Xu, Yudong, Xinming Zhang, Qiongying Lv e Guozhen Mu. "Influência do número de

lâminas do impulsor centrífugo em miniatura no desempenho do compressor." Em *2020, 9ª Conferência Internacional sobre Ciência e Engenharia de Energia (ICPSE)*, pp. 52-57. IEEE, 2020.

[14] Amin, Arslan Ahmed, Muhammad Taimoor Maqsood e Khalid Mahmood-ul-Hasan. "Proteção contra surtos de compressores centrífugos usando sistema de controle anti-surto avançado." *Medição e Controlo* (2021): 0020294020983372.

[15] Molana, Niki, Pooya Khodaparast, Alireza Fatehi e Seyed Mehrdad Hosseini. "Análise e simulação do controle ativo de surto no compressor centrífugo com base em vários controladores de modelo." *International Journal of Dynamics and Control* 9, no. 2 (2021): 766-787.

[16] Adel Khosravi, Abbas Chatraei, "A Review of Surge Control and Modeling in Centrifugal Compressors", Journal of Intelligent Procedures in Electrical Technology, Vol. 13, No. 50, 2021.

[17] Sohail, Muhammad Umer, Hossein Raza Hamdani, Asad Islam, Khalid Parvez, Abdul Munem Khan, Usman Allauddin, Muhammad Khurram e Hassan Elahi. "Previsão de Fluxos Distorcidos Não Uniformes, Efeitos no Compressor Transónico Utilizando CFD, Análise de Regressão e Redes Neuronais Artificiais". *Ciências Aplicadas* 11, no. 8 (2021): 3706.

[18] Nikiforov, Aleksandr, Andrei Rekovetc, Yuri Galerkin, Evgeniy Petukhov, Aleksey Rekstin, Vasiliy Semenovsky e Olga Solovyeva. "Teoria e prática da aplicação de redes neuronais à construção de modelos matemáticos de difusores de palhetas de compressores centrífugos". Em *IOP Conference Series: Ciência e Engenharia de Materiais*, vol. 1180, no. 1, p. 012025. IOP Publishing, 2021.

[19] He, San, Mengyu Xie, Patioon Tontiwachwuthikul, Christine Chan e Jianfeng Li. "Controlo de Inteligência Anti-Surto Auto-Adaptável e Simulação Numérica de Compressores Centrífugos Baseados em Redes Neuronais RBF". *Disponível em SSRN3935560.*

[20] Faltin, Zsolt, e Károly Beneda. "Conceção e avaliação do regulador linear quadrático para o controlo da distribuição da carga das pás como supressão ativa de picos em compressores centrífugos. " Em *2020 Novas Tendências no Desenvolvimento da Aviação (NTAD)*, pp. 67-71. IEEE, 2020.

[21] Kristoffersen, Torstein Thode e Christian Holden. "Modelação e Controlo de um Compressor Centrífugo de Gás Húmido". *IEEE Transactions on Control Systems Technology* 29, no. 3 (2020): 1175-1190.

[22] Hansen, K. E., J0rgensen, P., e Larsen, P. S. (1981). Estudo experimental e teórico de uma sobretensão num pequeno compressor centrífugo. In Journal of Fluids Engineering.

[23] Asgari, Hamid, XiaoQi Chen, Mohammad B. Menhaj e Raazesh Sainudiin. "Identificação de sistema baseada em rede neural artificial para uma turbina a gás de eixo único". Journal of Engineering for Gas Turbines and Power 135, no. 9 (2013).

# LISTA DE PUBLICAÇÕES

1. Divya M.N, Narayanappa C.K, S L Gangadhariah, "Projeto de controlador híbrido usando abordagem de programação de ganho para sistemas de compressores", *Jornal Internacional de Engenharia Elétrica e de Computação (IJECE),* Vol. 12, No.3, 2022. *DOI:* http://doi.org/10.11591/ijece.v12i3.pp%25p

2. Divya M.N, Narayanappa C.K, S L Gangadhariah, "Modelando um Preditor de Deteção de Falhas em Compressor usando Abordagem de Aprendizado de Máquina com base em Dados de Sensor Acústico", (IJACSA) Jornal Internacional de Ciência da Computação Avançada e Aplicações, Vol. 12, No. 9, 2021. pp - 650-667. DOI: http://doi.org/10.14569/IJACSA.2021.0120973

3. Divya M.N, Narayanappa C.K, S L Gangadhariah, V Nuthan Prasad, "Design and performance analysis of Anti-Surge Control mechanism for Compressor system using Neural Networks", (IJACSA) International Journal of Advanced Computer Science and Applications, **(Communicated).**

Printed by Books on Demand GmbH, Norderstedt / Germany